Sitzungsberichte
der Akademie der Wissenschaften
der DDR
Mathematik – Naturwissenschaften – Technik

14N

1978

Benno Parthier

Die biologische Stickstoff-Fixierung

AKADEMIE-VERLAG · BERLIN

Sitzungsberichte
der Akademie der Wissenschaften
der DDR
Mathematik — Naturwissenschaften — Technik

Jahrgang 1978 · Nr. 14/N

Benno Parthier

Die biologische Stickstoff-Fixierung

Erkenntnisstand und Problematik einer denkbaren praxisbezogenen Nutzung

AKADEMIE-VERLAG · BERLIN
1978

Vortrag auf der Sitzung der Klasse
Biowissenschaften der Akademie der
Wissenschaften der DDR am 27. 10. 1977
von Prof. Dr. Benno Parthier, Institut
für Biochemie der Pflanzen der AdW der DDR

Herausgegeben im Auftrage
des Präsidenten der Akademie
der Wissenschaften der DDR
von Vizepräsident Prof. Dr. Heinrich Scheel

Erschienen im Akademie-Verlag, 108 Berlin, Leipziger Straße 3—4

Lizenznummer: 202 · 100/231/78
Gesamtherstellung: VEB Druckhaus Köthen
Bestellnummer: 762 693 2 (2010/78/14/N) · LSV 1315
Printed in GDR
DDR 3.— M

Die biologische Stickstoff-Fixierung — Erkenntnisstand und Problematik einer denkbaren praxisbezogenen Nutzung

Einleitung

Die Bevölkerung unserer Erde steht auf dem Sektor Energie und Ernährung mit dem Ausgang dieses Jahrhunderts vor zwei riesigen Problemen, die sie bewältigen muß, wenn sie ihre Existenz sichern will — die Nutzung neuer Energiequellen und die Schaffung ausreichender Nahrungsmittel für eine noch immer exponentiell ansteigende Zahl menschlicher Individuen. Das zweite Problem ist eng mit dem Aspekt der biologischen Stickstoff-Assimilation als einer Grundlage der pflanzlichen Eiweißproduktion und damit der menschlichen Ernährung verbunden. Es stellt sich die berechtigte Frage, ob unsere heute genutzten Möglichkeiten der biologischen Stickstoff-Fixierung verbessert werden können, ob diese die Stickstoff-Düngung mit chemischen Produkten ergänzen, reduzieren oder gar ersetzen kann. Die Voraussetzungen für solche Vorstellungen behandelt dieser Aufsatz auf der Grundlage unserer heutigen biologischen, biochemischen und molekulargenetischen Kenntnisse über diesen Prozeß.

Stickstoff-Verteilung und -Assimilation in globaler Sicht

Im Gegensatz zur drohenden Erschöpfung der Energiequellen Kohle, Erdöl und Erdgas, die angestrengtes Suchen nach Mobilisierung rezenter C-Quellen ausgelöst hat, gibt es im Stickstoff-Haushalt unseres Planeten keinen Mangel an Rohstoff-Reserven. Der Anteil von 80% N_2 in der Atmosphäre, dem 4×10^{15} t entsprechen, ist unerschöpflich. Außerdem regeneriert er sich wenigstens teilweise wieder im Zuge eines Stickstoff-Kreislaufs auf der Erde. Gar nicht zu reden ist von den unermeßlichen, praktisch jedoch unzugänglichen Vorräten an Stickstoff höherer Oxydationsstufen in den Gesteinen. Beim Stickstoff liegt das Problem in einer suboptimalen Verfügbarkeit seiner biologisch wichtigen, reduzierten Form.

Abbildung 1 zeigt eine stark vereinfachte Übersicht über den Kreislauf des Stickstoffs und die daran beteiligten wichtigsten Prozesse. Die Pflanzen entnehmen Stickstoff aus dem Boden in der Regel als Nitrate, die mittels Nitrat- und Nitritreduktasen der Pflanzen oder auch der Bodenflora zu Ammoniak reduziert werden („gebundenes“ NH_4^+). Über Aminosäurebildung und Biosynthese, Stoff-

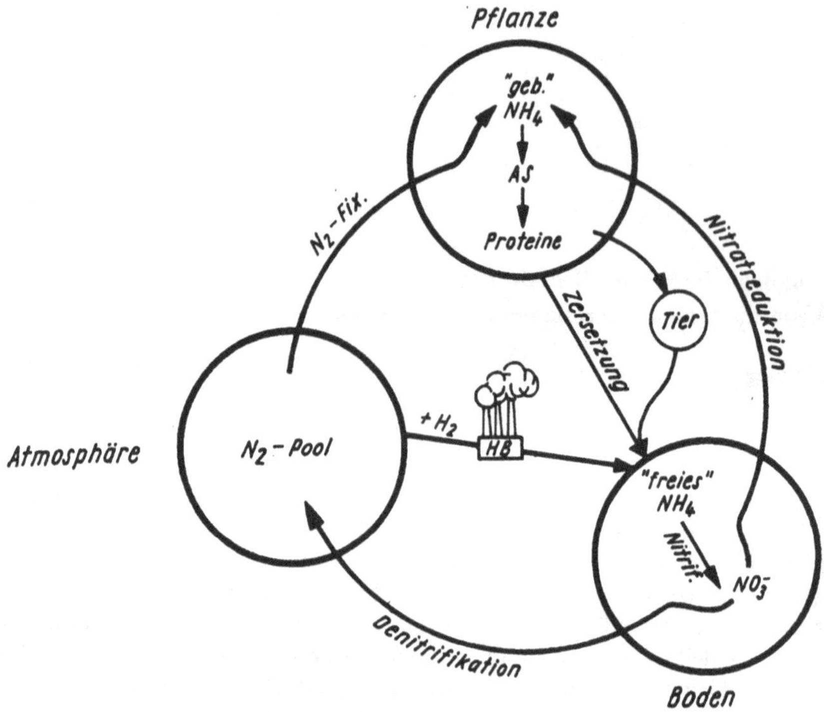

Abb. 1 Schematische Übersicht über den Stickstoff-Kreislauf auf unserem Planeten

wechsel und Abbau der pflanzlichen Proteine erreicht der Stickstoff den Boden wieder, entweder nach Autolyse oder über den Umweg durch das Tier. Das „freie" Ammoniak im Boden kann durch nitrifizierende Bakterien oxydiert werden, womit dieser Teil des Kreislaufs geschlossen ist. Schon in einer nicht kultivierten Landschaft würde dieser Kreislauf den Stickstoffbedarf nicht permanent decken können, weil ein nicht unerheblicher Teil davon durch die Aktivität einer denitrifizierenden Bodenflora in die Atmosphäre entweicht (Abb. 1). Unseren nach Hochleistungskriterien gezüchteten Kulturpflanzen genügt die so verfügbare Stickstoffmenge jedoch in keiner Weise; sie sind auf die Zufuhr relativ großer Mengen künstlichen Stickstoffdüngers angewiesen. Quelle des mineralischen Düngers ist die chemische Industrie, die im Haber-Bosch-Verfahren NH_3 aus Luftstickstoff und H_2-Gas unter hohem Druck und hoher Temperatur, also mit großem Energieaufwand herstellt. — Nur ein relativ kleiner Anteil der irdischen Flora vermag den atmosphärischen Stickstoff zu binden und hat sich damit eine einzigartige Möglichkeit zur Stickstoff-Selbstversorgung geschaffen.

Die heutige Situation in der landwirtschaftlichen Erzeugung von Pflanzeneiweiß ist durch die Dominanz des Getreideanbaues gekennzeichnet. Er steuert 80—90% zur Gesamtproduktion bei, wenn die notwendigen Mengen an Dünger

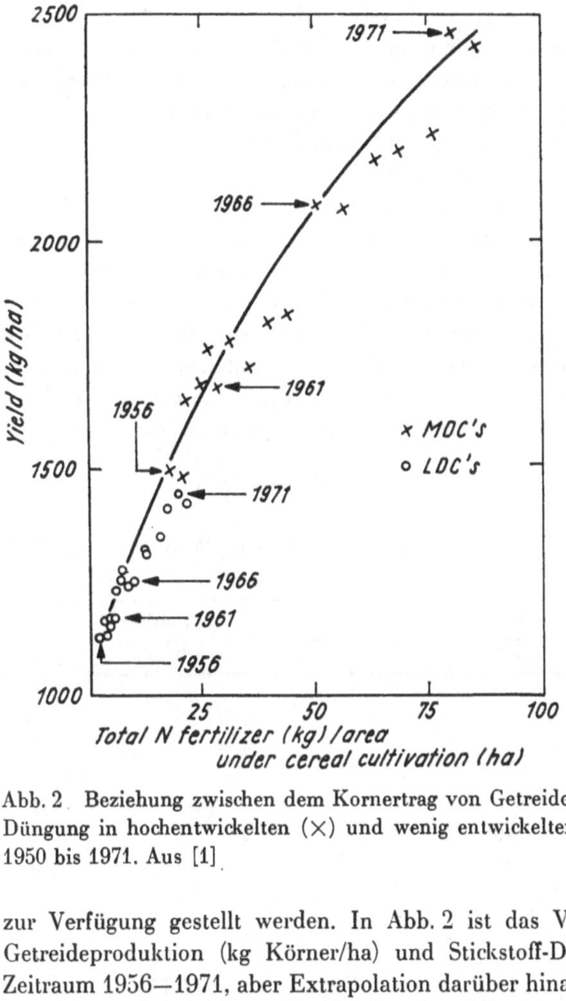

Abb. 2. Beziehung zwischen dem Kornertrag von Getreide und der Menge an Stickstoff-Düngung in hochentwickelten (×) und wenig entwickelten Ländern (○) in den Jahren 1950 bis 1971. Aus [1]

zur Verfügung gestellt werden. In Abb. 2 ist das Verhältnis zwischen globaler Getreideproduktion (kg Körner/ha) und Stickstoff-Düngung dargestellt für den Zeitraum 1956—1971, aber Extrapolation darüber hinaus erscheint zulässig. Außerdem ist zwischen hochentwickelten Ländern (x) und sog. Entwicklungsländern (o) unterschieden worden.

Zwei Tendenzen sind eindeutig abzulesen: Erstens, daß in beiden Ländergruppen Hektarerträge und eingebrachte Düngermengen kontinuierlich und proportional angestiegen sind — oder mit anderen Worten, Erhöhung der Kornerträge nur auf Kosten gesteigerter Stickstoffgaben erreicht wird. Zweitens, daß in den hochentwickelten Ländern die Hektarerträge zwar um den Faktor 1,5 bis 2 über denen der weniger entwickelten Länder liegen, es wird allerdings die vierfache Menge Stickstoff-Dünger in den Boden gebracht.

Bei Anhalten dieses Trends werden im Jahre 2000 etwa 200 Mio. t Stickstoffdünger gebraucht, um die Welternährung zu sichern. 1974 waren es 40 Mio. t, die nicht ausreichten, um die Nachfrage der Landwirtschaft zu befriedigen. Es darf auch nicht unerwähnt bleiben, daß nur etwa 50% des chemischen Stickstoff-Düngers von den Pflanzen genutzt werden. Die übrigen 50% belasten das Grundwasser oder werden durch Denitrifikation der Atmosphäre zurückerstattet.

Der hohe Energieverbrauch des HABER-BOSCH-Verfahrens, die wachsenden Transportkosten und steigenden Absatzpreise des mineralischen Stickstoff-Düngers haben verständlicherweise zur Suche nach anderen, billigen Möglichkeiten der N_2-Reduktion angeregt. Neben den Agrarökonomen interessieren sich besonders die Naturwissenschaftler dafür, und seit etwa einem Jahrzehnt wird in einigen hochentwickelten Ländern mit bemerkenswerter Intensität und nicht minder massiver finanzieller Unterstützung gezielt nach solchen Möglichkeiten geforscht. Abgesehen von zumindest z. Zt. noch unbedeutenden, billigeren chemischen Verfahren ist es die biologische Stickstoff-Fixierung, die im Brennpunkt des Interesses steht. Wenn man eine pauschale Bilanz der N_2-Fixierung auf der Erde zieht, leuchtet dies um so mehr ein (Tab. 1).

Tabelle 1
Aufschlüsselung der N_2-Bindung auf der Erde auf verschiedenen Wegen und Vergleich zur Denitrifikation

	$\frac{10^6\,t}{Jahr}$			$\frac{kg}{ha,\,Jahr}$	$\frac{Fläche}{10^9\,ha}$
N_2-Fixierung:					
1. atmosphärisch (Blitz, Ozonisation, etc.):	27				
2. industriell (HABER-BOSCH-Verf.):	40*				
3. biologisch (gesamt):	175				
Landwirtschaft		90			
Leguminosen			75	50–350	0,25
Nicht-Leguminosen			8	5	1
Reisfelder			7	30	0,14
Andere Vegetationen		57		25–30	12
Meere		28		0,6	36
Summe:	242				
Denitrifikation:					
Kontinente	43			3	13,4
Meere	40			1	36
Summe:	83				

Daten nach HARDY & HAVELKA [1]; BURNS & HARDY [2]; QUISPEL [3]

* Jährliche Weltproduktion von N_2-Düngemitteln mittels chemischer Verfahren: 42,3 × 10^6 t (Statistisches Jahrbuch 1977. Staatsverlag der DDR, Berlin 1977).

Der Anteil biologischer N_2-Fixierung ist danach die wichtigste Quelle für den organisch gebundenen Stickstoff; die größere Hälfte davon stammt aus landwirtschaftlich genutzten Flächen, von diesen wiederum mehr als $^3/_4$ durch Leguminosen der Felder und Dauerwiesen. Die Meere spielen in der Intensität der Fixierung eine untergeordnete Rolle, obgleich sie auf Grund ihrer Größe insgesamt einen nennenswerten Beitrag liefern.

Die Ziele der Wissenschaftler und der Wirtschaftsplaner sind daher klar abgesteckt: Optimierung der biologischen N_2-Fixierung bei Leguminosen auf der einen Seite; Suche nach neuen, ökonomisch vertretbaren Wegen einer N_2-Bindung durch Nicht-Leguminosen auf der anderen Seite. In beiden Fällen sind genaue Kenntnisse über den Fixierungsprozeß, über seine Prämissen, seine Mechanismen und deren Beeinflußbarkeit notwendige, erforschbare Voraussetzungen.

Biologie und Physiologie der Stickstoff-Fixierung

Ernstzunehmende Forschungsarbeiten auf diesem Gebiete begannen in den 80er Jahren des vorigen Jahrhunderts, als die beiden Deutschen Hellriegel und Wilfarth mehrjährige Düngungsexperimente durchführten und ihre Ergebnisse 1888 in den Mitteilungen des Vereins für Rübenzuckerindustrie des Deutschen Reiches publizierten. In Abb. 3 ist das Hauptergebnis ihrer Bemühungen dargestellt.

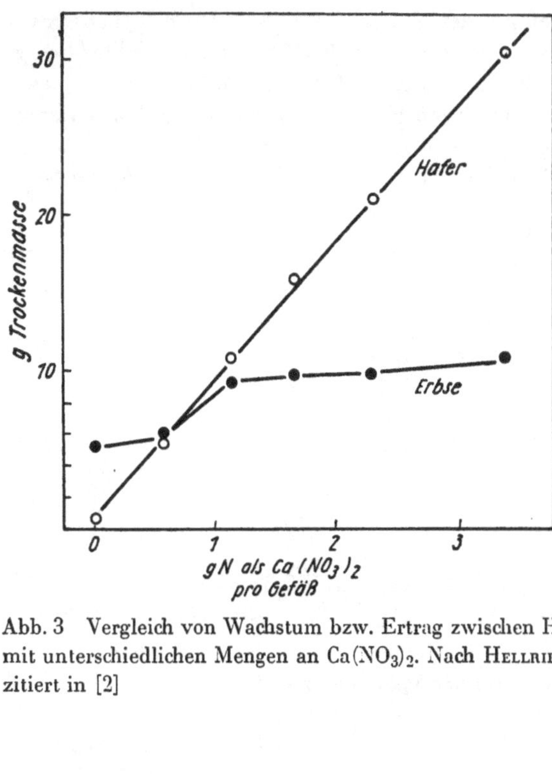

Abb. 3 Vergleich von Wachstum bzw. Ertrag zwischen Hafer und Erbsen nach Düngung mit unterschiedlichen Mengen an $Ca(NO_3)_2$. Nach Hellriegel und Wilfarths Ergebnissen zitiert in [2]

Sie verglichen Wachstum bzw. Ertrag von Hafer und Erbsen in separaten Kulturgefäßen nach Düngung mit unterschiedlichen Mengen an Ca-Nitrat und fanden einen erstaunlichen Unterschied: Während beim Getreide eine direkte Abhängigkeit zwischen Ertrag und zugefügter Düngermenge zu beobachten war, bestand diese Relation bei der Leguminose nicht — der Ertrag ohne Düngung war jenem bei mittlerer Düngergabe gleich. Daraus schlossen sie, daß Leguminosen ihren Stickstoff-Bedarf aus der Luft decken könnten und schrieben diese Fähigkeit den bereits bekannten Wurzelknöllchen zu.

Noch im gleichen Jahr isolierte Beijerinck ein Bakterium aus den Knöllchen und nannte es *Rhizobium radicicola.* 1892 fand Winogradsky mit *Clostridium pasteurianum* ein freilebendes, Stickstoff bindendes Bakterium und führte damit den Beweis, daß Symbiose keine Voraussetzung für die N_2-Fixierung ist. In den folgenden Jahrzehnten wurde nicht nur bekannt, daß fast alle Leguminosen-Arten Wurzelknöllchen besitzen, die von artspezifischen Rhizobien ausgelöst werden; man fand darüber hinaus in der Natur eine breite Palette von Organismen mit der Fähigkeit zur N_2-Fixierung, der sog. Diazotrophie. Heute kennt man allein 15 Gattungen mit mehr als 200 Arten von Nicht-Leguminosen, die mit unterschiedlichen Mikroben in Symbiose leben, darunter Hölzer wie Erle oder Sanddorn, die in sehr feuchten, bzw. sehr trockenen Böden eine Pionierfunktion erfüllen. Neben freilebenden Anaerobiern gibt es auch aerobe N_2-Fixierer wie *Azotobacter*-Species oder *Klebsiella pneumoniae.* Sie leben teilweise in der Rhizosphäre der höheren Pflanzen oder gar in Assoziation mit den Wurzeloberflächen. Auf den Blättern von Urwaldpflanzen können N_2-fixierende Bakterien Knötchen bilden. Schließlich gehören Blaualgen, frei oder intra- bzw. interzellulär in Hohlräumen von höheren Pflanzen oder in Gemeinschaft mit Pilzen als Flechten lebend, zu den wirkungsvoll Stickstoff fixierenden Organismen. Allen gemeinsam ist ihre prokaryotische Organisation. Abb. 4 enthält einige Beispiele N_2-fixierender Formen oder Systeme.

	Free-living bacteria				
Nitrogen-fixing organism	*Azotobacter vinelandii*	*Clostridium pasteurianum*	*Klebsiella pneumoniae*	*Rhodospirillum rubrum*	*Citrobacter freundii*
Associated organism	None	None	Various	None	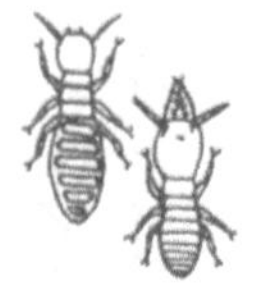 Termite
Natural habitat	Aerobic soils	Anaerobic soils	Aerobic and anaerobic soils; water; also in association with plants, man	Surface of polluted ponds (a photosynthetic bacterium)	Termite gut

Abb. 4 Beispiele freier und symbiontischer N_2-Fixierung in der Natur. Aus [5]

Welche N_2-Fixierungsraten von den einzelnen Systemen erreicht werden. zeigt Tab. 2. Daraus geht hervor, daß Klee-, Lupinen- und besonders Luzerne-Arten die höchsten Fixierungsraten erreichen, daß auch bei Nicht-Leguminosen beträchtliche Raten beobachtet werden können, die jedoch auf Grund sehr unterschiedlicher Bedingungen stark schwanken. Von den Blaualgen-Assoziationen ragt der Wasserfarn *Azolla* hervor, in dessen Blatthöhlen *Anabaena azollae* Stickstoff assimiliert. Aus diesem Grunde werden *Azolla* oder auch freilebende Blaualgen in asiatischen Reisfeldern zur Gründüngung herangezogen. Interessant sind Assoziationen zwischen tropischen Gräsern und freilebenden N_2-fixierenden Bakterien, die allein eine sehr geringe Rate aufweisen. Hierauf werden ökonomische Hoffnungen gesetzt, doch sind die bisherigen Ergebnisse noch sehr umstritten (vgl. S. 25).

Wie sehr die N_2-Fixierung von der Anwesenheit der symbiontischen Bakterien abhängt, zeigen Vergleiche zwischen normal und steril angezogenen Leguminosen. Knöllchenfreie Pflanzen entwickeln sich nach Verbrauch der Reserven in den Samen praktisch nicht weiter. — Andererseits ist es in jüngerer Zeit unabhängig voneinander mehreren Arbeitsgruppen gelungen, Rhizobien auch extrazellulär zu kultivieren [7, 8]. Zunächst wurde N_2-Fixierung in Zellkulturen gefunden, die mit *Rhizobium* beimpft wurden. Die Bakterien drangen nicht in die Zellen ein, erhielten jedoch von dort offenbar Stoffe, die zur Ausbildung des N_2-fixierenden Enymkomplexes führten [9]. Schließlich fand man, daß Pentosen und Glutamat in der Kulturflüssigkeit genügten, um eine allerdings sehr schwache Aktivität nachzuweisen; sie liegt unter einem Prozent im Vergleich zu dem entsprechenden intakten symbiontischen System. Diese Experimente bewiesen jedoch, daß der Stickstoff-reduzierende Enzymkomplex von der bakteriellen DNA codiert und im Bakterium synthetisiert wird, nicht in der Zelle der höheren Pflanze.

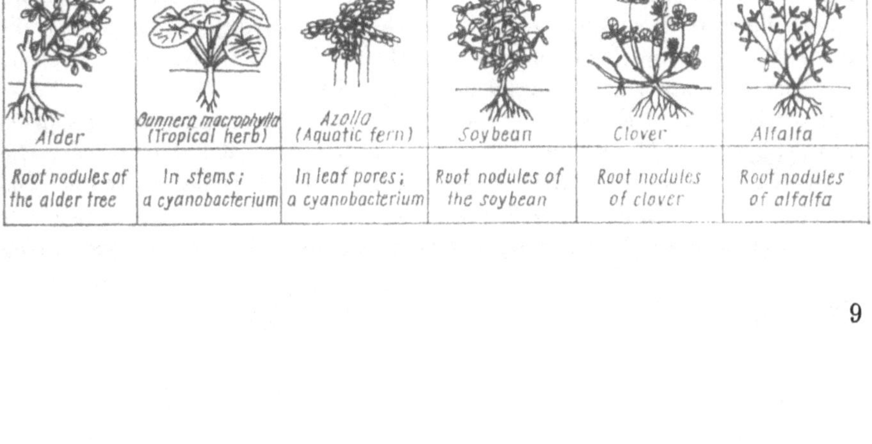

Tabelle 2
Vergleich der N_2-Fixierungskapazitäten verschiedener Systeme bzw. Organismen

System	N_2 fixiert (kg/ha/Jahr)
1. Symbiosen:	
Leguminosen (*Rhizobium*)	
Sojabohne	60–90
Ackerbohne	80–90
Klee	100–160
Luzerne	130–600
Lupine	150–170
Nicht-Leguminosen (Actinomyceten)	
Erle	40–300
Sanddorn	2–180
2. Blaualgen-Assoziationen:	
Gunnera	12–20
Azolla	60–150
Flechten	40–80
3. Bakterien-Assoziationen:	
Azotobacter paspali/Paspalum	etwa 100
Spirillum lipoferum/Digitaria	etwa 100
(Mais, Reis, Zuckerrohr)	etwa 100
4. Freilebende Mikroorganismen:	
Blaualgen	25
Azotobacter (aerob)	0,3
Clostridium (anaerob)	0,3

Daten nach Burns & Hardy [2]; Evans & Barber [4]

Der Infektionsprozeß

Aus Abb. 5 wird ersichtlich, daß sich die Bakterien im Innern der Leguminosen-Wurzelzellen befinden. Wie kommen sie dort hin? Die zuvor freilebenden, nicht N_2-fixierenden Formen infizieren Wurzelhärchen, das sind einzellige Absorptionsorgane der Wurzel, vielleicht angelockt durch Wurzelausscheidungen mit attrahierender Wirkung. Auf einen Stimulus der Bakterien hin (Indolylessigsäure?) krümmen sich die Spitzen der Wurzelhaare charakteristisch um (Abb. 5), Polygalakturonase wird ausgeschieden. Beides führt zur Schwächung der Zellwand der Wurzelhaare. Sie wird lokal invaginiert und wächst als ein aus Zellulose bestehender Infektionsschlauch in das Wurzelhaar hinein. Im Schlauch befinden sich die Bakterien. An den Wurzelrindenzellen gibt es wieder eine Invagination. Im Cytoplasma der Rindenzelle platzt der Schlauch auf, die Bakterien ergießen sich ins

Zellplasma und vermehren sich, bis von der Rindenzelle nur ein randständiger Plasmaschlauch übrig bleibt. Aber auch die Rindenzellen proliferieren stark, wobei Cytokinin eine auslösende Rolle spielt. Die Bakterien verlieren ihre ursprüngliche Form, während sie durch eine Membran einzeln oder zu wenigen eingekapselt

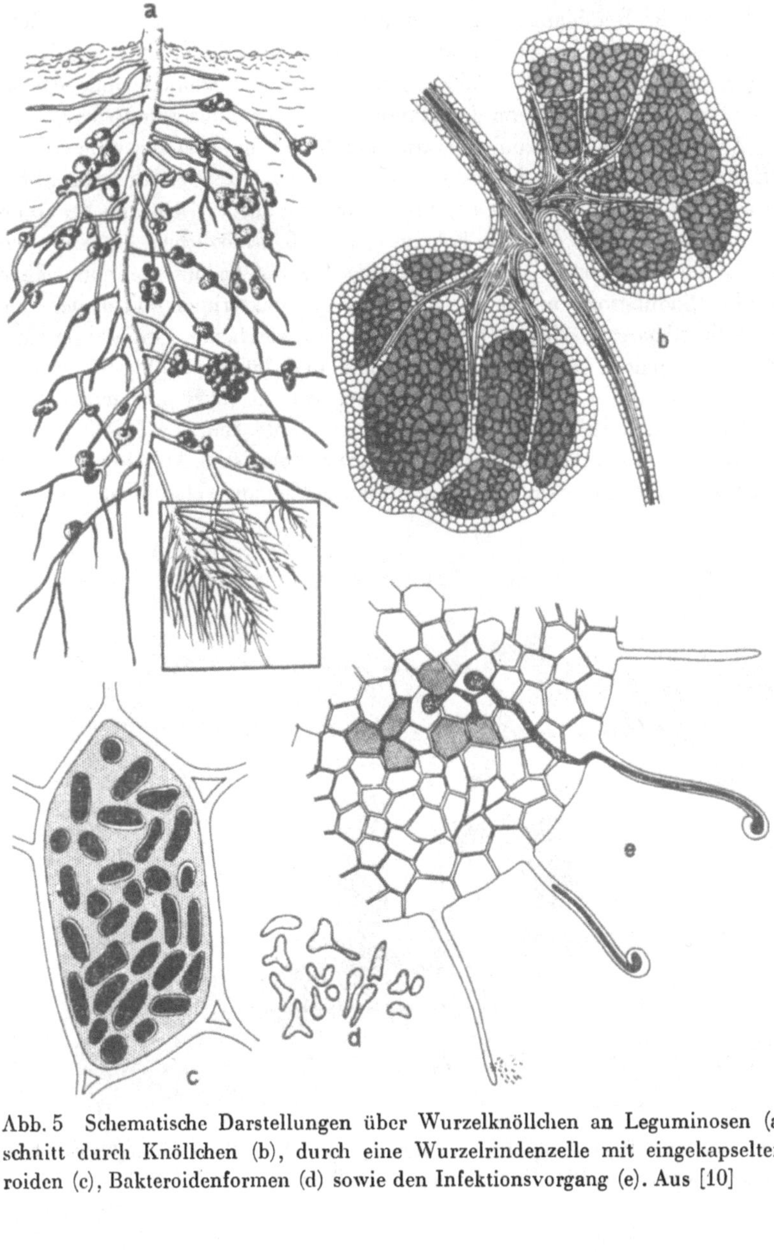

Abb. 5 Schematische Darstellungen über Wurzelknöllchen an Leguminosen (a), Querschnitt durch Knöllchen (b), durch eine Wurzelrindenzelle mit eingekapselten Bakteroiden (c), Bakteroidenformen (d) sowie den Infektionsvorgang (e). Aus [10]

werden. Die Membran wird von der Wirtszelle gebildet. Ein Wurzelknöllchen enthält etwa 35 000 Zellen mit je 10 000 oder mehr Kapseln, worin meist 4–6 Bakteroide enthalten sind [2, 3].

Die morphologische Wandlung der vegetativen Bakterienzelle zum nicht-vegetativen Status des Bakteroids verläuft parallel mit physiologischen Veränderungen, deren wichtigste die Befähigung zur N_2-Fixierung ist. Jetzt werden massiv Gene aktiviert, die zur Neusynthese des verantwortlichen Enzymkomplexes, der Nitrogenase, führen. Es entstehen gleichfalls große Mengen an Leghämoglobin, das im Cytoplasma der Wirtszelle dicht an den Kapselmembranen angeordnet vorliegt.

Auf die Artspezifität der Rhizobien wurde oben bereits hingewiesen. Wie erkennt *R. trifolii*, daß die Kleewurzel der richtige Wirt ist und akzeptiert Luzerne nicht? Erst vor wenigen Jahren konnten spezifische Proteine an der Zellwand der Wurzelhaare entdeckt werden, die den Erkenntnisprozeß ermöglichen [5], z. B. das Trifoliin der Kleewurzeln. Es wurde gefunden, daß für Trifoliin immunologisch sehr ähnliche Bindungsorte in der Schleimkapsel des Bakteriums und in der Zellwand des Wurzelhaares vorliegen (Abb. 6). Diese überraschende Entdeckung einer gleichartigen antigenen Affinität von Wirtszelle und künftigem Symbiont zum gleichen Antikörpermolekül wird mit einer Art von Mimikry auf molekularer Ebene erklärt [5], d. h. das Bakterium vermag bestimmte Teile der Oberfläche der Wirtszellwand zu imitieren. Dadurch soll das immunologische Abwehrsystem der Zelle überlistet werden; so kann das Bakterium sich Eingang verschaffen.

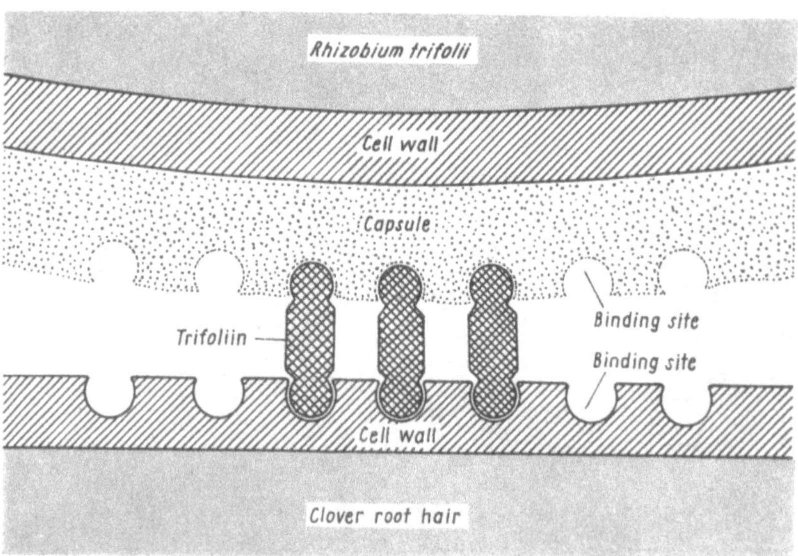

Abb. 6 Schematische Darstellung der „Erkennung" der Wurzelhaaroberfläche von Klee durch *Rhizobium trifolii* mittels Erkennungsprotein Trifoliin. Aus [5]

Der Nitrogenase-Komplex

Die Stickstoff-Fixierung wird in komplizierter und im Detail noch nicht geklärter Weise von einem Multienzymkomplex katalysiert, dem Nitrogenase-System. Dieses ist eine ungewöhnliche Erfindung der Natur, die in der Enzymologie ihresgleichen sucht. Nitrogenase ist der einzige bisher bekannte biologische Katalysator, der Dreifachbindungen aufzubrechen vermag, nicht nur jene des Distickstoff-Moleküls, sondern auch die von $-C{\equiv}N$, $-N{\equiv}C-$ und $-C{\equiv}C-$. Nitrogenase reduziert also auch Nitrile wie Cyanid, Isonitrile und Alkine, unter denen die Reduktion des Acetylens zu gaschromatographisch erfaßbarem Äthylen als Bestimmungsmethode der Nitrogenase-Aktivität überragende Bedeutung erlangt hat.

Diese Entdeckung [11] hat sich als außerordentlich fruchtbar für die Nitrogenase-Forschung erwiesen und leitete deren extensive Periode ein. 1960 war ein zweiter entscheidender methodischer Fortschritt gelungen, die N_2-Fixierung in zellfreien Extrakten aus *Clostridium*. Trotz großer Bemühungen mehrerer Arbeitsgruppen war es bis dahin unmöglich gewesen, auch unter strikt anaeroben Bedingungen zellfreie Enzymaktivität nachzuweisen. In CARNAHANS Laboratorium [12] gelang es mit dem Trick einer extrem hohen Pyruvatzugabe. Pyruvat dient in der phosphoroklastischen Reaktion zugleich als Elektronendonator und Energiequelle, da zunächst Acetylphosphat entsteht, das mit Hilfe der Acetokinase ATP liefert. Zugleich wurde Ferredoxin als Elektronentransport-Protein erkannt. Für ein Mol fixierten Stickstoffs wurden 100 Mole Pyruvat verbraucht, woraus der hohe Energieaufwand der Nitrogenase-Reaktion (s. unten) angedeutet wurde.

Zunächst seinen einige Eigenschaften des Nitrogenase-Komplexes vorgestellt. Er besteht aus zwei Enzymkomponenten, diese aus mehreren monomeren Untereinheiten (Abb. 7). Alle enthalten sie für die Katalyse wichtige Metalle. Die eisenhaltige Komponente II ($55-65 \times 10^3$ D Molekulargewicht) besteht aus zwei Untereinheiten, von denen jede zwei Eisenatome aufweist. Die Komponente I ($200-270 \times 10^3$ D Molekulargewicht) gliedert sich in vier Untereinheiten, die gemeinsam 24 Eisenatome und zwei Molybdänatome gebunden haben. Alle Metalle scheinen über säurelabilen Schwefel an die Polypeptidketten gebunden zu sein [2, 13, 14]. Da noch keine röntgenstrahlkristallographischen Untersuchungen an der Nitrogenase vorliegen, ist die genaue Lokalisation der Metallatome nicht bekannt. Aus indirekteren Methoden wie Elektronenspinresonanz-Messungen und MÖSSBAUER-Spektroskopie wurde jedoch geschlossen, daß sich die Molybdänatome in jenem katalytischen Zentrum der Nitrogenase befinden, in dem die Reduktion des Distickstoffs zum Ammoniak abläuft. Dort sind sie wahrscheinlich an einem separaten Protein, dem Mo-Kofaktor (der dazu 8 Eisenatome enthält), gebunden (Abb. 7). Die Rolle des Molybdäns in der Nitrogenase-Reaktion scheint in seiner einzigartigen Fähigkeit zu bestehen, in hoher und niedriger Oxydationsstufe zwei Elektronen transferieren zu können.

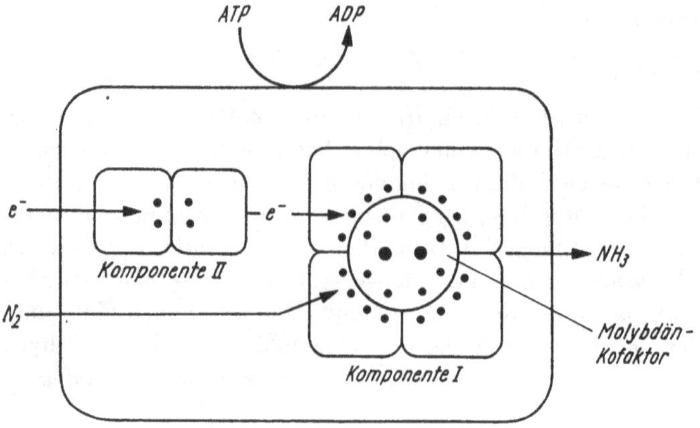

Abb. 7 Schematische Darstellung der Untereinheiten des Nitrogenase-Komplexes. Aus [5] verändert

Nitrogenase-Aktivität wird heute in der Regel mit dem Acetylenreduktions-Test bestimmt. Sie ist nur dann nachweisbar, wenn beide bzw. alle 3 Enzymkomponenten vorhanden sind, in der Zelle in stöchiometrischem Verhältnis. Komponenten I und II aus verschiedenen diazotrophen Organismen isoliert und in vitro kombiniert ergeben mehr oder minder gut meßbare Enzymaktivitäten [2, 5, 14]. Eine hervorstechende Eigenschaft des Nitrogenase-Komplexes ist seine extreme Empfindlichkeit gegenüber Sauerstoff. Nach Isolierung aus dem Zell-Kontakt verliert ein Enzymextrakt seine Aktivität an der Luft mit einer Halbwertzeit von einer Minute. Die aeroben N_2-fixierenden Bakterien müssen demnach Schutzmechanismen für das Enzym entwickelt haben, und in den Zellen der Wurzelknöllchen muß der Sauerstoff von den eingekapselten Rhizobien ferngehalten werden.
Azotobacter hilft sich mit ungewöhnlich hohen Respirationsraten, den höchsten, die bekannt geworden sind. Der Sauerstoffgehalt der Zelle wird dadurch auf etwa 0,2% herabgesetzt. Das ist eine für die Nitrogenase erträgliche Konzentration. In Blaualgen wird die Nitrogenase-Aktivität kompartimentiert in den meistens photosynthesefreien (genauer: Photosystem II-freien) Heterocysten gefunden, deren dicke Wand und Schleimhülle die O_2-Diffusion stark vermindert. In den Wurzelknöllchen schließlich ist ein besonders spezialisierter und wirkungsvoller Schutzmechanismus gegenüber Sauerstoff ausgebildet:

Das Cytoplasma der Wurzelrindenzellen enthält Leg-Hämoglobin (LHb, 1% des Gesamtproteingehaltes der Knöllchen), ein in Struktur und Funktion dem tierischen Hb analoges Protein. Es bindet reversibel Luftsauerstoff, verhindert damit den O_2-Zutritt zu den Bakterien, weil die oxydierte Form mit hoher O_2-Bindungskapazität den Sauerstoff nur sehr langsam wieder abgibt. LHb ist ein besonders eindrucksvolles Beispiel für ein Symbiosesystem, in dem die Synthese des Globins vom genetischen System der Wirtszelle, die Häm-Synthese jedoch von der Bakterien-DNA kontrolliert wird [15]. Schließlich befindet sich an der Kapseloberfläche der Bakteroide ein Endoxidase-System mit außerordentlich hoher Affinität zu Sauerstoff, wodurch auch Spuren desselben noch beseitigt werden.

Der Reaktionsmechanismus

Formal und in der Bilanz ist die biologische N_2-Fixierung dem chemischen HABER-BOSCH-Prozeß analog. Hier wie dort ist ein Katalysator notwendig und werden hypothetische Zwischenstufen angenommen, Diimid und Hydrazin, die in der Zelle jedoch bisher nicht gefunden wurden. Obwohl die Reaktion $N_2 + 3\,H_2 \rightleftarrows 2\,NH_3$ exergonisch ist und 10,9 kcal/Mol Energie entstehen, muß hohe Energie eingesetzt werden, um die 226 kcal Aktivierungsenergie des Distickstoff-Moleküls zu erreichen. Durch Druck kann die NH_3-Ausbeute erhöht werden.

Bei der biologischen N_2-Bindung setzt der Nitrogenase-Komplex die Aktivierungsenergie des N_2 herab; die notwendige Energie entstammt dem Abbau von Photosyntheseprodukten während der oxydativen Phosphorylierung (bei Blaualgen auch Photosynthesephosphorylierung), wobei Energie zur biologisch verwertbaren Form ATP umgewandelt wird. Während im HABER-BOSCH-Prozeß das Reduktionsmittel Wasserstoff gasförmig teilnimmt, werden die Reduktionsmittel der Zelle wiederum aus dem Kohlenhydratabbau geliefert, allerdings in Form von Elektronen, die über eine Redox-Kette mit Ferredoxin oder Flavodoxin als Elektronentransportmittel ihren Weg zur Nitrogenase finden. In zellfreien Extrakten wird als Elektronendonator gewöhnlich Dithionit benutzt.

Der Nitrogenase-Komplex katalysiert die beiden an zwei verschiedenen aktiven Zentren ablaufenden Reaktionen:

— Die mit Elektronentransport gekoppelte ATP-Hydrolyse, zu deren Ablauf Elektronendonator, -überträger, ATP und Mg^{++} benötigt wird; sie läuft im „elektronenaktivierenden“ Zentrum ab.
— Die Substratreduktion, also die Bindung und nachfolgende Reduktion des N_2 zu NH_3 bei gleichzeitiger Oxydation eines Elektronenakzeptors, in der Regel protoniertes Wasser, H_3O^+. Dieser Reaktionsablauf findet im substratbindenden und reduzierenden Zentrum des Nitrogenase-Komplexes statt.

Beide Funktionen können separat voneinander untersucht werden; die erste ist von der zweiten unabhängig, aber die zweite ist von der ersten abhängig im Sinne der Energielieferung, nicht der Substratbindungskinetik oder Substratspezifität. Die Aktivität der Nitrogenase wird allein durch das Angebot von ATP und Elektronendonator reguliert.

Unsere Kenntnisse über die quantitativen Anforderungen an ATP im Reaktionsprozeß sind nach wie vor schwach. Dementsprechend schwanken Berechnungen darüber, wieviele Mole ATP pro Mol fixiertem N_2 benötigt werden, weil äußere Faktoren erheblichen Einfluß ausüben. Allgemein nimmt man für die erste Reaktion ein Verhältnis von 1 ATP : 2e an. Da 4 bis 5 ATP pro Elektronenpaar im gesamten Nitrogenase-Prozeß hydrolysiert werden, kommt man auf 12—15 ATP pro fixiertem N_2 [2, 14]. Angaben über 20—24 ATP schließen wohl einen Energieverbrauch für den Enzym-Turnover bzw. für die Erhaltung der Bakteroide in den Zellen mit ein.

Eine genauere kinetische Vorstellung über den Mechanismus der ersten Reaktion (der „Elektronenaktivierung") im Nitrogenase-Komplex vermittelt das Modell in Abb. 8:

- Oxydiertes Fe-Protein (Komplex II) wird durch Ferredoxin, Flavodoxin oder Dithionit reduziert;
- 4 Moleküle Mg—ATP pro dimeres Fe-Protein werden gebunden; der Komplex II wird zum Elektronendonator für das Mo—Fe-Protein (Komplex I);
- Mo—Fe-Protein tritt in halbreduzierter Form in die Reaktion ein;
- der katalytisch aktive Zustand der Nitrogenase wird durch Elektronen-Transfer vom Fe-Protein auf das Mo—Fe-Protein unter ATP-Hydrolyse erreicht. (Minimum von 4 ATP-Molekülen pro Elektronenpaar.)

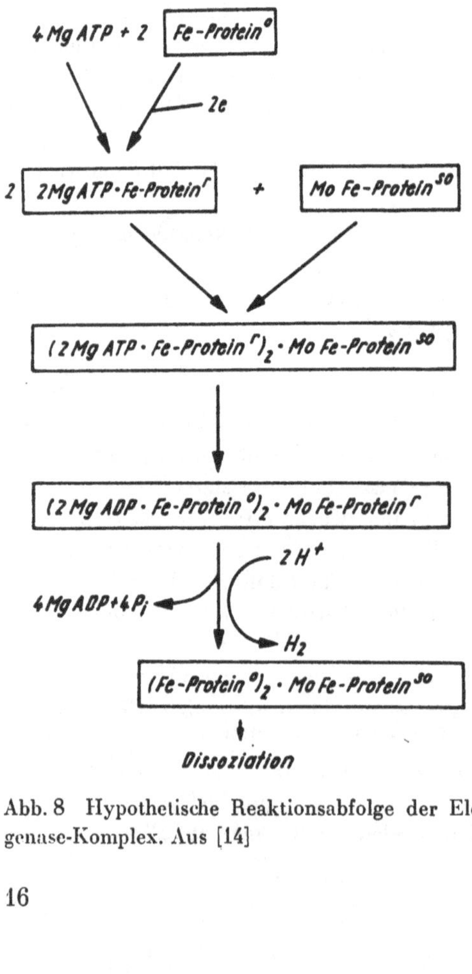

Abb. 8 Hypothetische Reaktionsabfolge der Elektronenaktivierungsreaktion im Nitrogenase-Komplex. Aus [14]

Beim Ablauf von Bindung und Reduktion des Distickstoffs oder anderer Modellsubstrate (also im zweiten aktiven Zentrum des Nitrogenase-Komplexes) sind Vermutungen über die Existenz der Zwischenstufen Diimid und Hydrazin nur hypothetisch (Abb. 9, unten). Dagegen scheint gesichert, daß der Vorgang über Komplexbildungen mit dem Molybdän und Eisen des Nitrogenase-Komplexes I verläuft (Abb. 9, oben).

Als klassischer Inhibitor der Nitrogenase fungiert Kohlenmonoxid, das den Elektronen-Transfer auf alle Substrate außer auf H_3O^+ verhindert. Gasförmiger Wasserstoff ist ein kompetitiver Hemmstoff der N_2-Reduktion, nicht jedoch der Reduk-

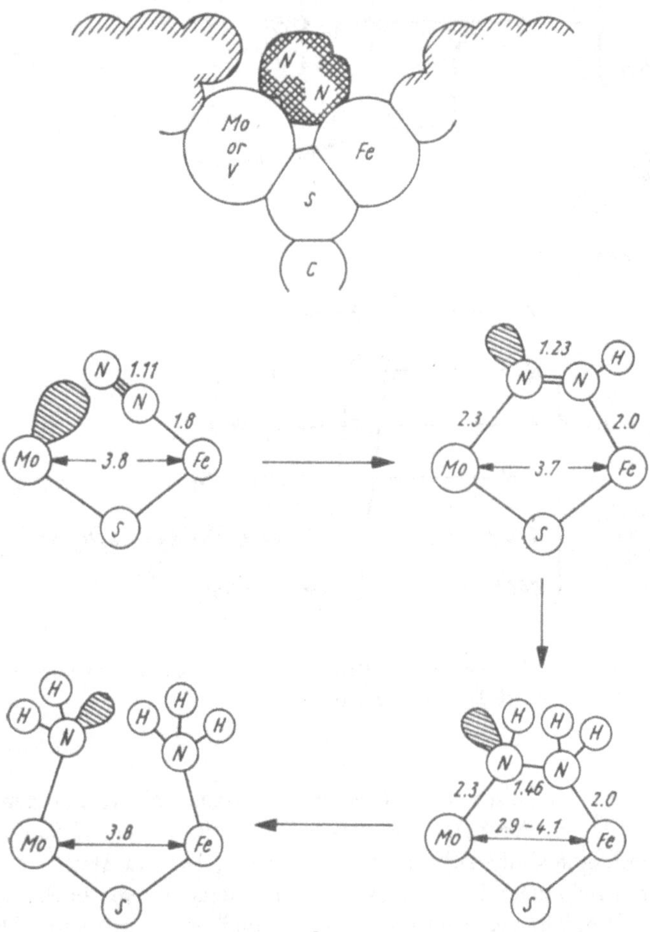

Abb. 9 Schema der Substratkomplexierung (oben) und hypothetischer Reaktionsablauf der N_2-Reduktion zu NH_3 durch den Nitrogenase-Komplex. Aus [2]. Die Buchstaben entsprechen den chemischen Symbolen, die Zahlen geben Atomabstände in Å an

tion anderer Elektronenakzeptoren (Abb. 10). In *Rhodospirillum* wird in reziproker Weise die H_2-Erzeugung durch N_2 unterbunden. Die offensichtlich vorhandenen Wechselbeziehungen zwischen Nitrogenase und Hydrogenase sind noch nicht vollständig geklärt. Interessanterweise ist in allen Diazotrophen auch Hydrogenase-Aktivität nachweisbar. Als überzeugender Beweis dafür, daß die H_2-Bildung durch Nitrogenase selbst katalysiert wird, gelten Nitrogenase-Mutanten, die stets auch frei von Hydrogenase-Aktivität sind.

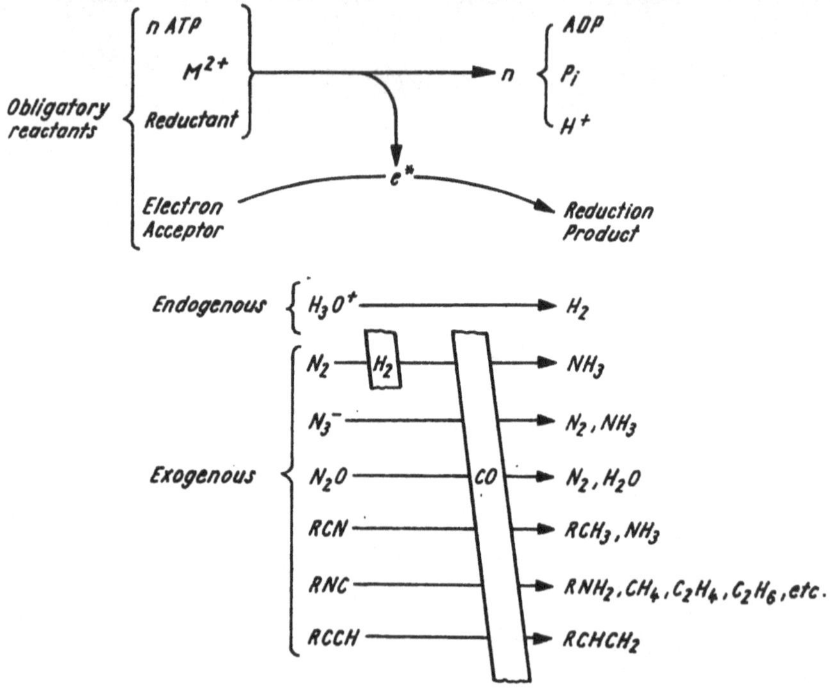

Abb. 10 Übersicht über die in der Nitrogenase-Reaktion verwendbaren Substrate und die Hemmung ihrer Reduktion durch H_2 oder CO. Aus [16]

In Abb. 11 sind die biochemischen Reaktionen im Zusammenhang mit dem Nitrogenase-Komplex, die in der Symbiose zwischen *Rhizobium* und Wirtszelle eine Rolle spielen, noch einmal übersichtsartig aufgezeichnet: An- und Abtransport von Ausgangsstoffen (Assimilate) bzw. Endprodukten (Aminosäuren) durch die Leitbündel der Wurzel; oxydativer Kohlenhydratabbau und Gewinnung von ATP und Reduktionskraft; Elektronentransport über Ferredoxin oder Flavodoxin zum Nitrogenase-Komplex II; Bindung und Reduktion von N_2 am Komplex I; schließlich auch H_2-Erzeugung und Ammoniakeinbau in Aminosäuren.

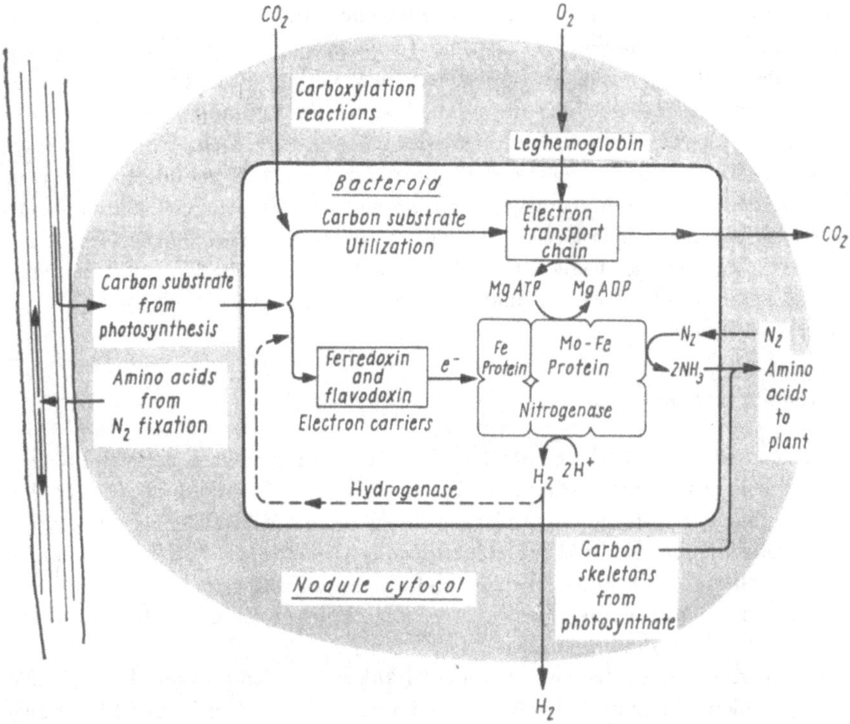

Abb. 11 Zusammenhang der biochemischen Vorgänge am Nitrogenase-Komplex und zwischen Wirtszelle und Symbiont. Aus [4]

Ammoniakverwertung und Enzymregulation

Das entstandene Ammoniak kann in allen Zellen und Organismen auf klassischem Wege mit α-Ketoglutarat in Glutamat überführt werden. Das beteiligte Enzym ist die Glutamat-Dehydrogenase. In diazotrophen Organismen existiert jedoch ein alternativer Weg mit höherer Affinität gegenüber Ammoniak, an dem Glutaminsynthetase und Glutamatsynthase mitwirken. Das erste Enzym hat den Charakter eines Regulationsproteins bei der Stickstoff-Fixierung.

Die Nitrogenase ist weder durch N_2 induzierbar noch ist ihre Aktivität durch NH_3 nach einem Feedback-Prinzip hemmbar. Wird jedoch Ammoniak aktiv N_2-fixierenden Zellen von außen zugesetzt, dann erscheint die Neusynthese des Enzyms reprimiert. Beobachtet wurde zunächst, daß während der Repressionsphase ein schneller Enzymabbau stattfindet. Dieser mag für den Abfall der N_2-Fixierung auch eine gewisse Rolle spielen, aber in den letzten Jahren wurde der Repressionsvorgang an den Nitrogenase-Genen näher untersucht und gefunden, daß NH_3 selbst nicht als Repressor wirkt, sondern daß Glutaminsynthetase eine positive

Kontrolle ausübt, indem sie die Transkription der Nitrogenase-Gene aktiviert [5. 14], ähnlich wie Glutaminsynthetase die Transkription des Histidin-Operons bei *E. coli* reguliert. Der Vorgang scheint mit dem Vorkommen von adenylylierten und desadenylylierten Formen der Glutaminsynthetase zusammenzuhängen. Die letztgenannte Form wird als Transkriptionsaktivator angesehen, da sie bevorzugt unter NH_3-Mangel vorliegt. Dieser tritt auf, wenn das aus N_2 gebildete Ammoniak mit Glutamat zu Glutamin umgewandelt worden ist. Die beteiligte Glutaminsynthetase wird dann gewissermaßen funktionslos und sucht sich eine neue „Aufgabe", die sie als Aktivator der Gene für die Nitrogenase-Synthese findet, somit die NH_3-Bildung aus Distickstoff wieder ankurbelt und sich auf solche Weise selbst wieder Substrat verschafft.

Nitrogenase-Genetik

Während *Rhizobium* oder *Clostridium* im Vordergrund bisheriger Betrachtungen standen, soll uns im genetischen Bereich ausschließlich *Klebsiella* als Objekt dienen. Die Zuneigung der an N_2-Fixierung interessierten Mikrobengenetiker zu diesem Organismus beruht auf zwei einleuchtenden Gründen: *Klebsiella pneumoniae* ist ein fakultativ aerobes, freilebendes N_2-fixierendes Bakterium; seine Genanordnung im Chromosom ist der von *Escherichia coli*, dem bestuntersuchten aller Organismen, außergewöhnlich ähnlich.

Bei einem Vergleich der Genkarte des zirkulären *E. coli*-Chromosoms mit den entsprechenden Abschnitten des *Klebsiella*-Chromosoms sind in beiden Fällen zwischen 38′ und 39′ das Histidin-Operon (*his*) sowie die Gene für die Phosphogluconat-Dehydrogenase (*pgdh*) und die Shikimisäure-Permease (*shipm*) gleichartig angeordnet (Abb. 12, oben). Es gelang nun nachzuweisen, daß in *Klebsiella* die Gene für den Nitrogenase-Komplex, das *nif*-Operon, in enger Nachbarschaft zum *his*-Operon liegen. Dazu bediente man sich der Genübertragung durch Plasmide, bzw. R-Faktoren durch Konjugation; aber auch die Transduktion mittels bestimmter Phagen diente dazu, das ganze *nif*-Operon oder Teile davon in *nif*-Mutanten zu übertragen. (Man kennt mehr als 150 *nif*⁻-Mutanten.) Grundlage ist, daß die Häufigkeit gemeinsamer Transduktion zweier Gene (Co-Transduktion) ein direktes Maß für den Abstand der beiden Gene voneinander ist und daher zur Lokalisation der Gene auf dem Bakterien-Chromosom herangezogen werden kann.

In Abb. 12 ist dies für die einzelnen, bisher bekannten Gene des *nif*-Operons in *Klebsiella* dargestellt [16]. Wenn die Transduktionshäufigkeit des Gens für Histidinol-Dehydrogenase (letztes Gen im *his*-Operon) gleich 100% gesetzt wird, dann werden die Gene des *nif*-Operons zwischen 71 und 21% co-transduziert. Als interessant kann man den Befund werten, daß *nif* in 2 Cluster aufgeteilt ist, die etwa 9000 Basenpaare voneinander entfernt liegen. Die Bedeutung der einzelnen Gene wurde aus dem Vergleich mit Mutanten unterschiedlicher Deletionen gewonnen, die nach Co-Transduktion der entsprechenden Gene bestimmte biochemische Teilleistungen des Nitrogenase-Komplexes wieder gewannen, z. B. den Molybdän-

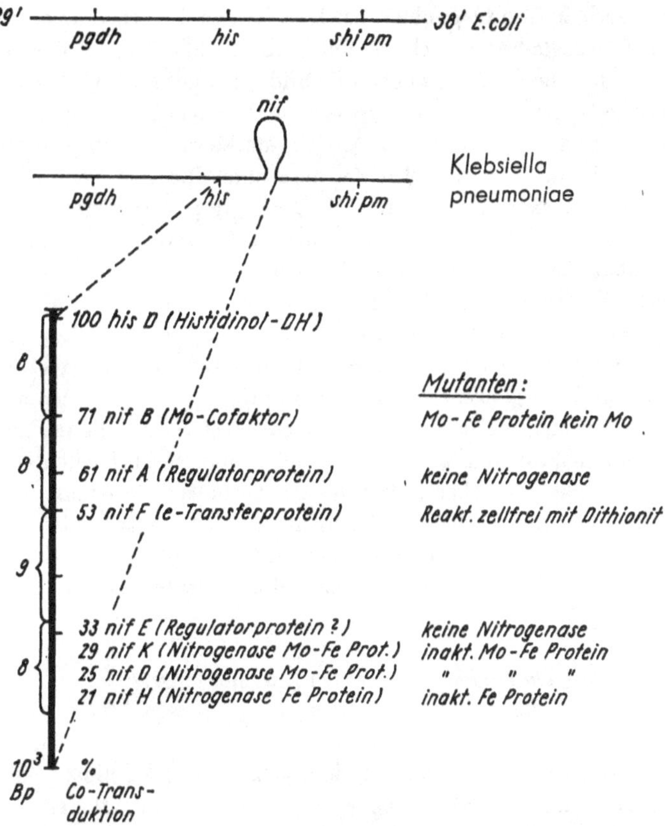

Abb. 12 Anordnung der Gene im *nif*-Operon von *Klebsielle pneumoniae* nach Co-Transduktion. Nach [19] stark verändert

Kofaktor nach Einführung von *nif* in eine Mutante mit Deletion im Gen B des Chromosoms.

So einfach, wie es am Beispiel dargestellt wurde, ist die experimentelle Seite nicht, aber das elegante Experimentieren mit Mutanten, Phagen und Plasmiden, das in den führenden Laboratorien der Welt beherrscht wird, hat schließlich zum „mapping" der einzelnen Komponenten des Nitrogenase-Komplexes geführt und auch die Beteiligung von Regulatorproteinen offensichtlich werden lassen.

Vorausgegangen war die Pionierleistung einer *nif*-Genübertragung im Jahre 1971, denn gleichzeitig gelang es Valentine [17] sowie Dixon und Postgate [18], *nif*-Gene aus *Klebsiella* in *E. coli* einzupflanzen und sie dort auch zur Expression zu bringen. Sie beschritten den folgenden Weg:
Klebsiella his^+ nif^+-Zellen wurden auf *his*-Transfer-Häufigkeit hin optimiert und mit *E. coli* his^- str^+ (d. h. Histidin-auxotroph und Streptomycin-resistent) konju-

giert. Dann wurde nach 2 Gesichtspunkten selektioniert, nach Streptomycinresistenz (elimiert die *Klebsiella*-Spenderzellen) und nach Histidin-Auxotrophie (elimiert die *E. coli*-Spenderzellen). Übrig blieben Hybridzellen mit *his*$^{+}$*str*$^{+}$. Sie wurden mit dem Acetylen-Reduktionstest auf Nitrogenase-Aktivität geprüft und positiv befunden. Alle übrigen Routinetests zur Artcharakterisierung ergaben, daß es *E. coli*-Zellen waren, die *nif*$^{+}$-Gene besaßen und nun ohne Stickstoffquelle lebten und sich vermehrten. Da exogen zugefügtes NH_3 die Acetylenreduktion reprimierte, wurde geschlossen, daß entweder das ganze *nif*-Operon oder ein großer Teil davon mit Regulatorgenen übertragen worden war.

Dieses erfolgreiche Experiment hat die Vorstellungskraft vieler Wissenschaftler beflügelt und große Erwartungen geweckt, *nif*-Gene auch in andere Zellen zu übertragen. Da *E. coli* und *Klebsiella* genetisch sehr ähnlich sind, dürften bei Gentransfer in nicht verwandte Organismen größere Schwierigkeiten zu erwarten sein, insbesondere wenn ein Einbau in das Genom einer eukaryotischen Zelle ins Auge gefaßt wird. Trotzdem bleibt es reizvoll und notwendig, über Möglichkeiten einer nutzbringenden Anwendung der Erkenntnisse aus der Grundlagenforschung nachzudenken, zu spekulieren, aber auch kritisch einzuschätzen. Dies soll im letzten Abschnitt versucht werden unter Berücksichtigung, daß der Autor keine eigenen experimentellen Erfahrungen auf dem Gebiete der N_2-Fixierung besitzt.

Möglichkeiten zur verbesserten landwirtschaftlichen Nutzung der biologischen Stickstoff-Fixierung

Diese Problematik sollte über die Fähigkeit einer Genübertragung hinaus einen größeren Rahmen der landwirtschaftlich oder großtechnisch anwendbaren Forschungserkenntnisse der N_2-Fixierung umspannen. Im Rahmen dieses Aufsatzes können jedoch nur einige naheliegende Ideen vorgestellt und sehr kurz die gangbaren Wege und die zu erwartenden Schwierigkeiten erwähnt werden (vgl. Tab. 3).

1. Biologische Erzeugung von Düngemitteln aus atmosphärischem Stickstoff mit Hilfe freilebender N_2-bindender Organismen.

— Vor einigen Jahren wurde eine Mutante von *Klebsiella* isoliert, in der zwar die *nif*-Gene dereprimiert vorliegen, aber der Weg vom Ammoniak zum Glutamat blockiert ist. Diese Mutante scheidet beträchtliche Mengen an NH_4^+ ins Medium aus (20 mMole/g Protein/24 h). Als C- und Energiequelle diente zugesetzte Glukose, aber Abfälle der Lebensmittelindustrie oder Produkte von Papiermühlen wären billigere Ausgangsstoffe. Wenn es darüber hinaus gelänge, ähnliche Mutanten auch bei Blaualgen zu finden, könnten C-Quelle und Energie aus der Photosynthese genutzt werden.

2. Erhöhung der Photosyntheseleistung der Leguminosen.

— Wir hatten bereits erwähnt, daß die Nitrogenase-Aktivität weitgehend vom Angebot an ATP und reduzierenden Substanzen abhängt, die letzlich aus der Photosynthese der Leguminosen stammen. Tatsächlich wurde nachgewiesen, daß

Tabelle 3
Einige Möglichkeiten der Erhöhung pflanzlicher Proteinproduktion durch verbesserte N_2-Fixierung

Idee	Methoden	Schwierigkeiten
1. Gewinnung billigen N-Düngers durch manipulierte Regulation der N_2-Fixierung	Einsatz von Mutanten freilebender N_2-Fixierer auf billigen organischen Medien → Ammoniak-Exkretion	Ökonomie? (Technologie, Transport)
2. Erhöhung der Photosyntheseleistung von Leguminosen	a) Screening und Züchtung von Sorten hoher Photosyntheseleistung bzw. Lichtausnutzung	a) Erwartungen fraglich; Abhängigkeit der N_2-Fixierung vom physiolog. Zustand der Pflanzen
	b) CO_2-Düngung	b) Nicht unter Feldbedingungen
3. Verbesserung der *Rhizobium*-Wirt-Beziehungen	a) Suche nach *Rhizobium*-Hochleistungsstämmen (Mutanten)	Konkurrenz unter Feldbedingungen durch *R.*-Wildstämme
	b) Screening des weltweiten Leguminosen-Angebotes	
4. Assoziative Symbiosen zwischen freileb. N_2-fix. Bakterien und Gräsern (Getreide)	Screening oder genet. Selektion derartiger Bakterien aus der Gräser-Rhizosphäre	Geringe Reproduzierbarkeit; hohe (tropische) Bodentemperaturen notwendig
5. *nif*-Gentransfer in Zellen von Kulturpflanzen (Nicht-Leguminosen)	Transduktion und/oder Transformation von *nif* über Zwischenwirt in Protoplasten aus höheren Pflanzen; Zellkultur und Ganzpflanzenentwicklung	– Gentransfer Prokaryot → Eukaryot unsicher; – notwendiger Transfer aller *nif*-Gene; – O_2-Empfindlichkeit der Nitrogenase (Schutz?); – Energiehaushalt der Empfängerzelle

Erhöhung der Lichtintensität oder des CO_2-Gehaltes der Luft eine mehrfach gesteigerte N_2-Fixierung erbrachte (Abb. 13). Da die beiden Faktoren unter Feldbedingungen kaum zu verändern sind, bleibt die Aufforderung an die Züchter, Leguminosen mit erhöhter apparenter Photosynthese, d. h. auch mit verminderter Photorespiration, zu selektionieren oder zu züchten.

3. Die heute bekannten Leguminosen-*Rhizobium*-Systeme sind wahrscheinlich verbesserungsfähig hinsichtlich der N_2-Fixierungsraten.

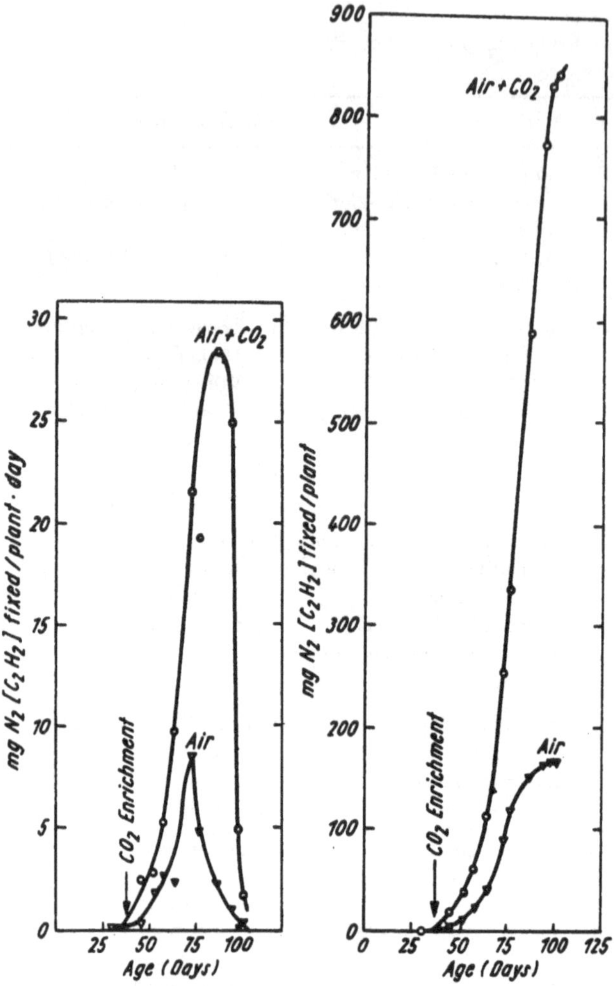

Abb. 13 Einfluß der Assimilationskapazität durch Erhöhung der CO_2-Konzentration der Luft auf die N_2-Fixierung von Sojabohnenpflanzen während einer Vegetationsperiode. Aus [2]. Linke Abb. = Rate (fixierte N_2-Menge pro Pflanze und Tag), rechte Abb. = Gesamtfixierung pro Pflanze

— Die Wege dazu führen sowohl über eine Suche oder gezielte Produktion von *Rhizobium*-Hochleistungsstämmen als auch über ein Screening des weltweiten Leguminosen-Angebotes (von 10 000 Arten wurden erst 10% erfaßt; 0,5% werden kultiviert). Auch die Ersetzung wenig effektiver *R.*-Stämme durch solche mit höherer Leistung in Kulturleguminosen liegt in dieser Richtung. Vielleicht führt ein Weg dorthin über eine experimentelle Veränderung der artspezifischen Erkennungsproteine.

4. Optimierung der Assoziation freilebender N_2-fixierender Bakterien mit Kulturgräsern.

— Die assoziativen Symbiosen zwischen freilebenden N_2-fixierenden Formen und tropischen Gräsern haben in letzter Zeit viel Aufsehen erregt, da z. B. über Maiskulturen mit beträchtlicher N_2-Fixierung in Brasilien berichtet wurde [20]. Insgesamt sind die Ergebnisse solcher Experimente bisher zu schlecht reproduzierbar, um entscheiden zu können, ob hier ein ökonomisch vertretbarer Weg sich eröffnet. Wegen der großen Abhängigkeit der Systeme von Bodentemperaturen um 30 °C dürfte er für gemäßigte Zonen der Erde kaum in Frage kommen.

5. Übertragung der N_2-fixierenden Gene in die Zellen der wichtigsten Getreidepflanzen.

— Dieser ebenso reizvolle wie (Erfolg vorausgesetzt) spektakuläre Weg könnte auch das ökonomische Problem mit einem Schlage lösen. Die folgenden methodischen Zwischenstufen sind dafür zu überwinden (Abb. 14):

a) *nif*-Gene tragende Plasmide werden durch Konjugation von *nif*-haltigen Bakterien (*Klebsiella*) und *nif*-freien Empfängerzellen (*E. coli*) erhalten.

Unter bestimmten Umständen ist dies möglich. In einigen Fällen wurden gene-

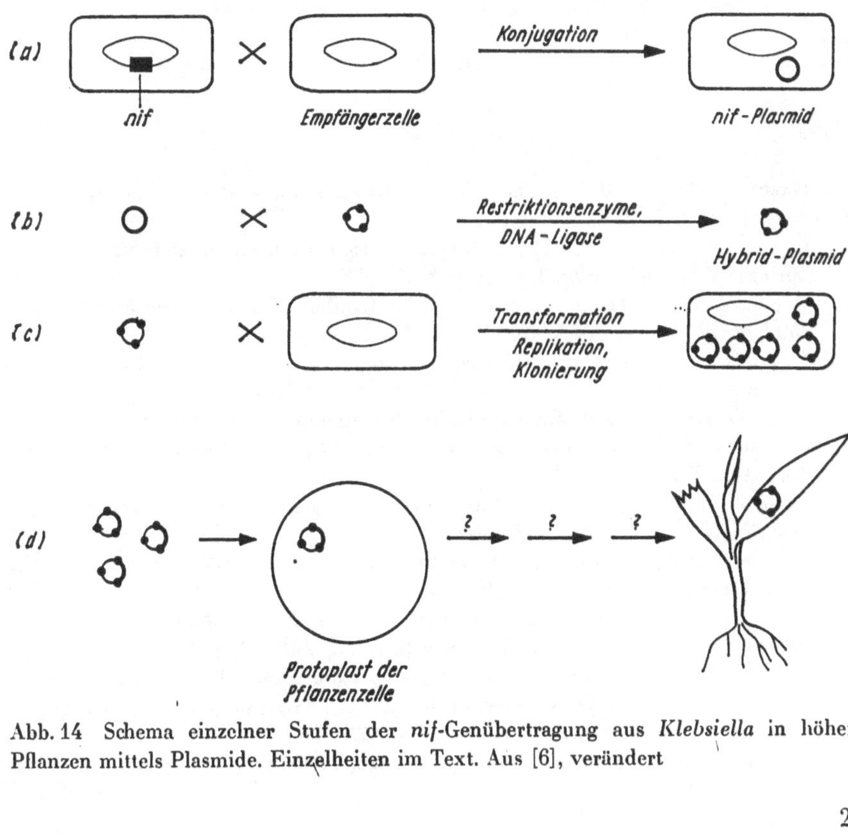

Abb. 14 Schema einzelner Stufen der *nif*-Genübertragung aus *Klebsiella* in höhere Pflanzen mittels Plasmide. Einzelheiten im Text. Aus [6], verändert

tisch instabile *E. coli*-Hybriden erhalten, die N_2 fixierten. Die *nif*-Gene lagen in Plasmiden vor, nicht im Chromosom [21];

b) *nif*-haltige Plasmide werden isoliert und durch Restriktionsnucleasen spezifisch gespalten, die Fragmente mit einem schnell-replizierenden Plasmid (Col. E 1) in vitro hybridisiert und mit Ligase zu einem extrachromosomalen DNA-Ring kovalent verbunden; er enthält die *nif*-Gene;

c) Transformation des Hybrid-Plasmids in *E. coli* und vielfache Replikation (Klonieren) mit dem Ergebnis vieler Plasmid-Kopien mit *nif*-Genen;

d) Einführung dieser Plasmide in einen Protoplasten höherer Pflanzen, der über Gewebekulturen vielleicht zu einer N_2-fixierenden Pflanze auswächst.

Die Schwierigkeiten der *nif*-Gen-Manipulation sind offensichtlich (Tab. 3), obgleich nicht von prinzipieller Natur. So müßte der Gentransfer in die eukaryotische Zelle nicht ins Genom erfolgen, sondern Einbau der *nif*-Gene in Chloroplasten-Chromosomen genügten, die ebenfalls zirkulär und von erwünschter Größe sind. Da auch ATP und Ferredoxin in Chloroplasten in ausreichender Menge vorhanden sind, wäre Energiezufuhr und Elektronentransport zur Nitrogenase gegeben. Das zur Zeit unlösbare Problem scheint in der Notwendigkeit eines Schutzmechanismus des Enzymkomplexes vor Sauerstoff zu liegen, abgesehen von der Ungewißheit, wie lange eingepflanzte Gene in einer fremden Umgebung informationsstabil bleiben.

Literatur

[1] Hardy, R. W. F., U. D. Havelka: Nitrogen fixation research: A key to world food? Science **188**, 633 (1975).

[2] Burns, R. C., R. W. F. Hardy: Nitrogen fixation in bacteria and higher plants. Springer-Verl. Berlin-Heidelberg-New York, 1975.

[3] Quispel, A. (ed.): The biology of nitrogen fixation. North-Holland/Elsevier, Amsterdam-Oxford-New York, 1974.

[4] Evans, H. J., L. E. Barber: Biological nitrogen fixation for food and fiber production. Science **197**, 332 (1977).

[5] Brill, W. J.: Biological nitrogen fixation. Sci. American No. 3, 68 (1977).

[6] Shanmugam, K. T., R. C. Valentine: Molecular biology of nitrogen fixation. Science **187**, 919 (1975).

[7] Kurz, W. G. W., T. A. La Rue: Nitrogenase activity in rhizobia in absence of plant host. Nature (London) **256**, 407 (1975).

[8] McComb, J. A., J. Elliot, M. J. Dilworth: Acetylene reduction by *Rhizobium* in pure culture. Nature (London) **256**, 409 (1975).

[9] Scowcroft, W. R., A. H. Gibson: Nitrogen fixation by *Rhizobium* associated with tobacco and cowpea cell cultures. Nature (London) **253**, 351 (1975).

[10] Schlegel, H. G.: Allgemeine Mikrobiologie. 2. Auflage 1972. Thieme, Stuttgart.

[11] Dilworth, M. J.: Acetylene reduction by nitrogen-fixing preparations from *Clostridium pasteurianum*. Biochim. Biophys. Acta **127**, 285 (1966).

[12] Carnahan, J. E., L. E. Mortensen, H. F. Mower, J. E. Castle: Nitrogen fixation in

cell-free extracts of *Clostridium pasteurianum.* Biochim. Biophys. Acta **44**, 520 (1960).

[13] POSTGATE, J. R.: The chemistry and biochemistry of nitrogen fixation. Plenum Press, London, 1972.

[14] ZUMFT, W. G.: Anorganische Biochemie des Stickstoffs und die Mechanismen der Stickstoffassimilation. Die Naturwissensch. **63**, 457 (1976).

[15] VERMA, D. P. S., A. K. BAL: Intracellular site of synthesis and localization of leghemoglobin in root nodules. Proc. Natl. Acad. Sci. USA **73**, 3843 (1976).

[16] HARDY, R. W. F., R. C. BURNS, G. W. PARSHALL: Bioinorganic chemistry of dinitrogen fixation. In: Bioinorganic Chemistry (G. I. EICHHORN, ed.) Vol. **2**, 745. Elsevier Publ. Comp. Amsterdam, 1973.

[17] STREICHER, S. L., E. G. GURNEY, R. C. VALENTINE: Transduction of the nitrogen fixation genes in *Klebsiella pneumoniae.* Proc. Natl. Acad. Sci. USA **68**, 1174 (1971).

[18] DIXON, R. A., J. R. POSTGATE: Transfer of nitrogen-fixation genes by conjugation in *Klebsiella pneumoniae.* Nature (London) **234**, 47 (1971).

[19] DIXON, R. A., C. KENNEDY: Molecular biology of nitrogen fixation. In: 28. Mosbacher Colloqu. Springer-Verl. Berlin-Heidelberg-New York, im Druck.

[20] VON BÜLOW, J. F. W., J. DÖBEREINER: Potential for nitrogen fixation in maize genotypes in Brazil. Proc. Natl. Acad. Sci. USA **72**, 2389 (1975).

[21] CANNON, F. C., R. A. DIXON, J. R. POSTGATE, S. B. PRIMROSE: J. Gen. Microbiol. **80**, 241 (1974).

FSC
www.fsc.org
MIX
Papier | Fördert
gute Waldnutzung
FSC® C083411

Zeitfracht Medien GmbH
Ferdinand-Jühlke-Straße 7
99095 Erfurt, Deutschland
produktsicherheit@kolibri360.de